Thomas Eschenbach
Daniel Nerlinger

Prüfungswissen Statistik

Thomas Eschenbach
Daniel Nerlinger

Prüfungswissen Statistik
Single-Choice-Fragen

Bibliografische Information der Deutschen Nationalbibliothek: Die Deutsche Nationalbibliothek verzeichnet diese Publikation in der Deutschen Nationalbibliografie; detaillierte bibliografische Daten sind im Internet über www.dnb.de abrufbar.

© 2014 Thomas Eschenbach • Daniel Nerlinger

Herstellung und Verlag:
BoD – Books on Demand, Norderstedt

ISBN 978-3-7347-4050-3

Inhaltsverzeichnis

1. Grundlagen 1
2. Univariate Daten 10
3. Multivariate Daten 35
4. Wahrscheinlichkeitsrechnung 41
5. Diskrete Zufallsvariablen 51
6. Stetige Zufallsvariablen 59
7. Mehrdimensionale Zufallsvariablen 65
8. Parameterschätzung 71
9. Testen von Hypothesen 79
10. Spezielle Tests 87

Literaturverzeichnis 93

Vorwort

Dieses Buch dient dem einfachen Zugang zu den Themen der Statistik. Mit Hilfe von Single-Choice Aufgaben soll das Wissen über die Statistik vermittelt und gefestigt werden. Es handelt sich hierbei bewusst um kein Aufgabenbuch mit Rechnungen sondern um Lern- und Wiederholungsfragen zur Statistik.

Um eine gute Vorbereitung für Statistikprüfungen zu sein, orientiert sich dieses Wissensbuch an der Standardliteratur für Statistik, insbesondere wurde das Buch „Statistik – Der Weg zur Datenanalyse" von Fahrmeir, Künstler, Pigeot und Tutz in der 6. Auflage (2007) herangezogen.

Trotz sorgfältigem Korrekturlesen können einzelne Fehler nicht ausgeschlossen werden. Für Hinweise per E-Mail sind wir dankbar: nerlinger@bwi.uni-stuttgart.de

Stuttgart, im Dezember 2014　　　　　　Daniel Nerlinger

1. Grundlagen

Single-Choice-Fragen
1. Grundlagen [1]

Aussage A:
Diskrete Merkmale besitzen endlich viele Ausprägungen oder abzählbar unendlich viele Ausprägungen.
Aussage B:
50% aller Werte liegen unterhalb und die anderen 50% liegen oberhalb des Medians.

a.	A und B sind richtig.	b.	A und B sind falsch.
c.	A ist richtig. B ist falsch.	d.	B ist richtig. A ist falsch.

Aussage A:
Die Verhältnisskala hat einen sinnvollen Nullpunkt.
Aussage B:
Quasi-stetige Merkmale werden wie diskrete behandelt, obwohl sie stetig sind.

a.	A und B sind richtig.	b.	A und B sind falsch.
c.	A ist richtig. B ist falsch.	d.	B ist richtig. A ist falsch.

Lösungen:

a.
c.

---

[1] Vergleiche hier und im Folgenden Fahrmeir et al. (2007), S. 1-29

Single-Choice-Fragen

Aussage A:
Ordinal skalierte Werte können nicht geordnet werden.
Aussage B:
Zur Berechnung des harmonischen Mittels gibt es 2 Formeln: Eine Formel für eine ungerade Anzahl von Werten, die andere Formel für eine gerade Anzahl von Werten.

a.	A und B sind richtig.	**b.**	A und B sind falsch.
c.	A ist richtig. B ist falsch.	**d.**	B ist richtig. A ist falsch.

Aussage A:
Der Median ist empfindlich gegenüber Ausreißern.
Aussage B:
Nach dem Prinzip der Flächentreue gibt die Fläche eines Histogramm-Rechtecks optisch die zugehörige Häufigkeit an.

a.	A und B sind richtig.	**b.**	A und B sind falsch.
c.	A ist richtig. B ist falsch.	**d.**	B ist richtig. A ist falsch.

Lösungen:

b.
d.

1. Grundlagen

Aussage A:
Vor der Berechnung des Medians müssen alle Werte der Größe nach sortiert werden.
Aussage B:
50% aller Werte liegen unterhalb und die anderen 50% liegen oberhalb des geometrischen Mittels.

a.	A und B sind richtig.	b.	A und B sind falsch.
c.	A ist richtig. B ist falsch.	d.	B ist richtig. A ist falsch.

Aussage A:
Das arithmetische Mittel bildet den Schwerpunkt eines Datensatzes.
Aussage B:
Das arithmetische Mittel ist robust gegenüber Ausreißern.

a.	A und B sind richtig.	b.	A und B sind falsch.
c.	A ist richtig. B ist falsch.	d.	B ist richtig. A ist falsch.

Lösungen:

c.
c.

Single-Choice-Fragen

Aussage A:
Metrisch skalierte Werte werden auch als ordinalskaliert bezeichnet.
Aussage B:
Zur Berechnung des Medians gibt es 2 Formeln: Eine Formel für eine ungerade Anzahl von Werten, die andere Formel für eine gerade Anzahl von Werten.

a.	A und B sind richtig.	b.	A und B sind falsch.
c.	A ist richtig. B ist falsch.	d.	B ist richtig. A ist falsch.

Aussage A:
Der Modus kann schon für nominalsaklierte Werte verwendet werden.
Aussage B:
Das arithmetische Mittel ist empfindlich gegenüber Ausreißern.

a.	A und B sind richtig.	b.	A und B sind falsch.
c.	A ist richtig. B ist falsch.	d.	B ist richtig. A ist falsch.

Lösungen:

d.
a.

1. Grundlagen

Aussage A:
In einem Histogramm sind die Daten ungruppiert.
Aussage B:
Diskrete Merkmale besitzen unendlich viele Ausprägungen oder abzählbar unendlich viele Ausprägungen.

a.	A und B sind richtig.	b.	A und B sind falsch.
c.	A ist richtig. B ist falsch.	d.	B ist richtig. A ist falsch.

Aussage A:
Quasi-stetige Merkmale werden wie stetige behandelt, obwohl sie diskret sind.
Aussage B:
Nach dem Prinzip der Flächentreue sind alle Flächen eines Histogramms stets gleich groß.

a.	A und B sind richtig.	b.	A und B sind falsch.
c.	A ist richtig. B ist falsch.	d.	B ist richtig. A ist falsch.

Lösungen:

b.
c.

Single-Choice-Fragen

Aussage A:
Die Berechnung des Medians erfordert zumindest nominalskalierte Werte.
Aussage B:
Nominalskalierte Werte können nicht geordnet werden.

a.	A und B sind richtig.		b.	A und B sind falsch.
c.	A ist richtig. B ist falsch.		d.	B ist richtig. A ist falsch.

Aussage A:
Das geometrische Mittel kann schon für nominalsaklierte Werte verwendet werden.
Aussage B:
Stetige Merkmale besitzen endlich viele Ausprägungen.

a.	A und B sind richtig.		b.	A und B sind falsch.
c.	A ist richtig. B ist falsch.		d.	B ist richtig. A ist falsch.

Lösungen:

d.
b.

1. Grundlagen

Aussage A:
Bei Verwendung der Kardinalskala wird auch die Formulierung "metrisch" skaliert verwendet.
Aussage B:
Der Median ist robust gegenüber Ausreißern.

a.	A und B sind richtig.	**b.**	A und B sind falsch.
c.	A ist richtig. B ist falsch.	**d.**	B ist richtig. A ist falsch.

Aussage A:
Vor der Berechnung des arithmetischen Mittels müssen alle Werte der Größe nach sortiert werden.
Aussage B:
Den Schwerpunkt eines Datensatzes bildet immer der Median.

a.	A und B sind richtig.	**b.**	A und B sind falsch.
c.	A ist richtig. B ist falsch.	**d.**	B ist richtig. A ist falsch.

Lösungen:

a.
b.

Single-Choice-Fragen

Aussage A:
Stetige Merkmale besitzen endlich viele Ausprägungen.
Aussage B:
Die Berechnung des Medians erfordert zumindest ordinalskalierte Werte.

a.	A und B sind richtig.	**b.**	A und B sind falsch.
c.	A ist richtig. B ist falsch.	**d.**	B ist richtig. A ist falsch.

Aussage A:
Ordinalskalierte Werte können geordnet werden.
Aussage B:
Die Intervallskala hat einen sinnvollen Nullpunkt.

a.	A und B sind richtig.	**b.**	A und B sind falsch.
c.	A ist richtig. B ist falsch.	**d.**	B ist richtig. A ist falsch.

Lösungen:

d.
c.

1. Grundlagen

Aussage A:
In einem Histogramm sind die Daten gruppiert (in Klassen).
Aussage B:
Nominalskalierte Werte können geordnet werden.

a.	A und B sind richtig.	b.	A und B sind falsch.
c.	A ist richtig. B ist falsch.	d.	B ist richtig. A ist falsch.

Lösungen:

c

2. Univariate Daten[2]

Aussage A:
Das arithmetische Mittel erhält man, indem alle beobachteten Werte aufsummiert werden und diese Summe durch die Anzahl der Beobachtungen dividiert wird.
Aussage B:
Normalverteilungen sind rechtssteil.

a.	A und B sind richtig.	b.	A und B sind falsch.
c.	A ist richtig. B ist falsch.	d.	B ist richtig. A ist falsch.

Aussage A:
Lorenzkurve und Gini-Koeffizient betrachten die absolute Konzentration.
Aussage B:
Bei einem Säulendiagramm werden die Stäbe des Stabdiagramms durch Rechtecke ersetzt und die X- und Y- Achse getauscht.

a.	A und B sind richtig.	b.	A und B sind falsch.
c.	A ist richtig. B ist falsch.	d.	B ist richtig. A ist falsch.

Lösungen:

c.

b.

[2] Vergleiche hier und im Folgenden Fahrmeir et al. (2007) S. 31-102

2. Univariate Daten

Aussage A:
Eine Verteilung heißt rechtssteil bzw. linksschief, wenn die Verteilung nach links deutlich steiler und nach rechts flacher abfällt.
Aussage B:
Die Standardabweichung bzw. die Varianz ist die Maßzahl für die Streuung einer Verteilung.

a.	A und B sind richtig.		**b.**	A und B sind falsch.
c.	A ist richtig. B ist falsch.		**d.**	B ist richtig. A ist falsch.

Aussage A:
Unimodale Verteilung bedeutet, dass es in der Abbildung (Histogramm) nur einen Gipfel gibt.
Aussage B:
Der Median teilt die Daten in die 50% kleinsten und die 50% größten Daten

a.	A und B sind richtig.		**b.**	A und B sind falsch.
c.	A ist richtig. B ist falsch.		**d.**	B ist richtig. A ist falsch.

Lösungen:

d.
a.

Single-Choice-Fragen

Aussage A:
Bei linkssteil verteilten Daten ist gilt:
arithmetisches Mittel < Median < Modus.
Aussage B:
Das Balkendiagramm entspricht dem Säulendiagramm mit vertauschter X- und Y- Achse.

| a. | A und B sind richtig. | b. | A und B sind falsch. |
| c. | A ist richtig. B ist falsch. | d. | B ist richtig. A ist falsch. |

Aussage A:
Beim geometrischen Mittel werden alle Faktoren multipliziert und daraus die n-te Wurzel gezogen.
Aussage B:
Der Interquartilsabstand (IQR) gibt die Strecke zwischen 0 und Median an.

| a. | A und B sind richtig. | b. | A und B sind falsch. |
| c. | A ist richtig. B ist falsch. | d. | B ist richtig. A ist falsch. |

Lösungen:

d
c

2. Univariate Daten

Aussage A:
Die Lorenzkurve gibt Aufschluss über die Stärke der Konzentration.
Aussage B:
Bei bimodalen Verteilungen treten mindestens zwei Nebengipfel auf.

a.	A und B sind richtig.	b.	A und B sind falsch.
c.	A ist richtig. B ist falsch.	d.	B ist richtig. A ist falsch.

Aussage A:
Der Modus ist immer eindeutig.
Aussage B:
Der Median reagiert empfindlich gegenüber Ausreißern, das arithmetische Mittel ist dagegen ein robustes Lagemaß.

a.	A und B sind richtig.	b.	A und B sind falsch.
c.	A ist richtig. B ist falsch.	d.	B ist richtig. A ist falsch.

Lösungen:

c.
b.

Single-Choice-Fragen

Aussage A:
Varianz und Standardabweichung sind nur für ordnialskalierte Merkmale geeignet.
Aussage B:
Normalverteilungen sind symmetrisch, unimodal und glockenförmig.

a.	A und B sind richtig.	**b.**	A und B sind falsch.
c.	A ist richtig. B ist falsch.	**d.**	B ist richtig. A ist falsch.

Aussage A:
Varianz und Standardabweichung sind nur für metrische Merkmale geeignet.
Aussage B:
Das geometrische Mittel addiert alle Faktoren und teilt deren Summe durch die Anzahl der Faktoren.

a.	A und B sind richtig.	**b.**	A und B sind falsch.
c.	A ist richtig. B ist falsch.	**d.**	B ist richtig. A ist falsch.

Lösungen:

d.
c.

2. Univariate Daten

Aussage A:
Bimodale und multimodale Verteilungen entstehen, wenn die Daten eines Merkmals aus unterschiedlichen Teilgesamtheiten entstammen.
Aussage B:
Varianz und Standardabweichung sind robuste Streuungsmaße.

a.	A und B sind richtig.	b.	A und B sind falsch.
c.	A ist richtig. B ist falsch.	d.	B ist richtig. A ist falsch.

Aussage A:
Das Histogramm verfolgt das Prinzip der Flächentreue.
Aussage B:
Der Median kann ohne vorheriges sortieren der Urliste berechnet werden.

a.	A und B sind richtig.	b.	A und B sind falsch.
c.	A ist richtig. B ist falsch.	d.	B ist richtig. A ist falsch.

Lösungen:

c.
c.

Single-Choice-Fragen

Aussage A:
Der Median ist der Bereich zwischen dem 25% und 75% Quantil.
Aussage B:
Bei symmetrisch verteilten Daten stimmen arithmetisches Mittel, Median und Modus überein.

a.	A und B sind richtig.	b.	A und B sind falsch.
c.	A ist richtig. B ist falsch.	d.	B ist richtig. A ist falsch.

Aussage A:
Vor der Berechnung des Medians müssen die Daten der Größe nach geordnet werden.
Aussage B:
Der Interquartilsabstand (IQR) gibt den Bereich zwischen dem 25%- und 75%-Quantil an.

a.	A und B sind richtig.	b.	A und B sind falsch.
c.	A ist richtig. B ist falsch.	d.	B ist richtig. A ist falsch.

Lösungen:

c.
d.

2. Univariate Daten

Aussage A:
Der Gini-Koeffizient als Maß für die Konzentration sollte immer mit der Lorenzkurve interpretiert werden.
Aussage B:
Die Entfernung der Lorenzkurve von der X-Achse gibt die Stärke der Konzentration an.

a.	A und B sind richtig.	b.	A und B sind falsch.
c.	A ist richtig. B ist falsch.	d.	B ist richtig. A ist falsch.

Aussage A:
Der Herfindahl-Index steigt mit steigender Anbieterzahl am Markt.
Aussage B:
Multipliziert man die Fläche zwischen Lorenzkurve und Winkelhalbierender mit zwei, so erhält man den Gini-Koeffizienten.

a.	A und B sind richtig.	b.	A und B sind falsch.
c.	A ist richtig. B ist falsch.	d.	B ist richtig. A ist falsch.

Lösungen:

c.
d.

Single-Choice-Fragen

Aussage A:
Der Modus gibt an, welche Ausprägung am häufigsten vorkommt.
Aussage B:
Die Konzentration ist hoch, wenn ein großer Anteil der Merkmalssumme auf eine große Zahl von Merkmalsträgern entfällt.

a.	A und B sind richtig.	b.	A und B sind falsch.
c.	A ist richtig. B ist falsch.	d.	B ist richtig. A ist falsch.

Aussage A:
Der Gini-Koeffizient liegt zwischen -1 und 1.
Aussage B:
Varianz und Standardabweichung geben an, wie stark die Werte um den Mittelwert streuen.

a.	A und B sind richtig.	b.	A und B sind falsch.
c.	A ist richtig. B ist falsch.	d.	B ist richtig. A ist falsch.

Lösungen:

c.
d.

2. Univariate Daten

Aussage A:
Eine stetige Funktion ist eine Dichtekurve, wenn die Funktionswerte größer oder gleich Null sind und die überspannte Fläche gleich 1 ist.
Aussage B:
Die Lorenzkurve startet bei dem Punkt (0;0) und endet am Punkt (1;1).

a.	A und B sind richtig.	b.	A und B sind falsch.
c.	A ist richtig. B ist falsch.	d.	B ist richtig. A ist falsch.

Aussage A:
Die Konzentrationsrate gibt den Anteil an, den die größten ausgewählten Merkmalsträger innehaben.
Aussage B:
Quadriert man die Varianz, so erhält man die Standardabweichung.

a.	A und B sind richtig.	b.	A und B sind falsch.
c.	A ist richtig. B ist falsch.	d.	B ist richtig. A ist falsch.

Lösungen:

a.
c.

Single-Choice-Fragen

Aussage A:
Eine Verteilung ist linkssteil bzw. rechtsschief, wenn der überwiegende Anteil von Daten rechtsseitig konzentriert ist.
Aussage B:
Das arithmetische Mittel ist der Wert der größten Ausprägung.

a.	A und B sind richtig.	**b.**	A und B sind falsch.
c.	A ist richtig. B ist falsch.	**d.**	B ist richtig. A ist falsch.

Aussage A:
Bei einem Stabdiagramm werden auf der X-Achse die Ausprägungen des Merkmals und auf der Y-Achse die Häufigkeiten der jeweiligen Ausprägungen in Stabform abgetragen.
Aussage B:
Modus, Median und Lorenzkurve sind Lageparameter.

a.	A und B sind richtig.	**b.**	A und B sind falsch.
c.	A ist richtig. B ist falsch.	**d.**	B ist richtig. A ist falsch.

Lösungen:

b.
c.

2. Univariate Daten

Aussage A:
Das geometrische Mittel wird häufig im Zusammenhang mit Wachstums- und Zinsfaktoren verwendet.
Aussage B:
Das harmonische Mittel wird typischer Weise für die Berechnung von durchschnittlichen Geschwindigkeiten verwendet.

a.	A und B sind richtig.		b.	A und B sind falsch.
c.	A ist richtig. B ist falsch.		d.	B ist richtig. A ist falsch.

Aussage A:
Die Lorenzkurve kann ohne vorheriges sortieren der Urliste erstellt werden.
Aussage B:
Die Standardnormalverteilung hat stets einen Mittelwert von 0 und eine Standardabweichung von 1.

a.	A und B sind richtig.		b.	A und B sind falsch.
c.	A ist richtig. B ist falsch.		d.	B ist richtig. A ist falsch.

Lösungen:

a.
d.

Single-Choice-Fragen

Aussage A:
Der Gini-Koeffizient gibt die absolute Konzentration an, der Herfindalindex die relative.
Aussage B:
Die Standardnormalverteilung hat stets einen Mittelwert von 1.

a.	A und B sind richtig.	b.	A und B sind falsch.
c.	A ist richtig. B ist falsch.	d.	B ist richtig. A ist falsch.

Aussage A:
Der Gini-Koeffizient liegt zwischen 0 und (n-1)/n. Der korrigierte Gini-Koeffizient liegt zwischen 0 und 1.
Aussage B:
Der Interquartilsabstand wird durch Ausreißer in seiner Aussage verfälscht.

a.	A und B sind richtig.	b.	A und B sind falsch.
c.	A ist richtig. B ist falsch.	d.	B ist richtig. A ist falsch.

Lösungen:

b.
c.

2. Univariate Daten

Aussage A:
Für ungerades n ist der Median die mittlere Beobachtung der geordneten Urliste.
Aussage B:
Die Varianz ist die Wurzel aus der Standardabweichung.

a.	A und B sind richtig.	b.	A und B sind falsch.
c.	A ist richtig. B ist falsch.	d.	B ist richtig. A ist falsch.

Aussage A:
Die überdeckte Gesamtfläche bei einer Dichtekurve ist gleich 1.
Aussage B:
Eine stetige Funktion ist eine Dichte, wenn die überspannte Fläche zwischen 0 und 1 liegt.

a.	A und B sind richtig.	b.	A und B sind falsch.
c.	A ist richtig. B ist falsch.	d.	B ist richtig. A ist falsch.

Lösungen:

c.
c.

Single-Choice-Fragen

Aussage A:
Der Gini-Koeffizient ist ein Maß für die Korrelation.
Aussage B:
Das harmonische Mittel wird typischer Weise für die Berechnung von Durchschnittszinssätzen verwendet.

a.	A und B sind richtig.	b.	A und B sind falsch.
c.	A ist richtig. B ist falsch.	d.	B ist richtig. A ist falsch.

Aussage A:
Das geometrische Mittel wird zur Berechnung von Durchschnittsgeschwindigkeiten verwendet.
Aussage B:
Um die Lorenzkurve zu erstellen, müssen die Daten der Größe nach geordnet werden.

a.	A und B sind richtig.	b.	A und B sind falsch.
c.	A ist richtig. B ist falsch.	d.	B ist richtig. A ist falsch.

Lösungen:

b.
d.

2. Univariate Daten

Aussage A:
Varianz und Standardabweichung sind nicht resistent gegenüber Ausreißern.
Aussage B:
Die Entfernung der Lorenzkurve von der Winkelhalbierenden (der x-y-Achse) gibt die Stärke der Konzentration an.

a.	A und B sind richtig.	b.	A und B sind falsch.
c.	A ist richtig. B ist falsch.	d.	B ist richtig. A ist falsch.

Aussage A:
Der Gini-Koeffizient ist eindeutig interpretierbar.
Aussage B:
Der Herfindahl-Index wird umso kleiner, je mehr Anbieter mit gleichem Marktanteil beteiligt sind.

a.	A und B sind richtig.	b.	A und B sind falsch.
c.	A ist richtig. B ist falsch.	d.	B ist richtig. A ist falsch.

Lösungen:

a.
d.

Single-Choice-Fragen

Aussage A:
Die Konzentration ist hoch, wenn ein großer Anteil der Merkmalssumme auf eine kleine Zahl von Merkmalsträgern entfällt.

Aussage B:
Die Lorenzkurve ist streng monoton steigend und geht gegen unendlich.

a.	A und B sind richtig.	b.	A und B sind falsch.
c.	A ist richtig. B ist falsch.	d.	B ist richtig. A ist falsch.

Aussage A:
Bei linkssteil verteilten Daten gilt:
arithmetisches Mittel > Median > Modus.

Aussage B:
Eine Verteilung heißt rechtssteil bzw. linksschief, wenn die Verteilung nach rechts deutlich steiler und nach links flacher abfällt.

a.	A und B sind richtig.	b.	A und B sind falsch.
c.	A ist richtig. B ist falsch.	d.	B ist richtig. A ist falsch.

Lösungen:

c.
a.

2. Univariate Daten

Aussage A:
Bei einem Säulendiagramm werden lediglich die Stäbe des Stabdiagramms durch Rechtecke ersetzt.
Aussage B:
Das arithmetische Mittel reagiert empfindlich gegenüber Ausreißern.

a.	A und B sind richtig.	b.	A und B sind falsch.
c.	A ist richtig. B ist falsch.	d.	B ist richtig. A ist falsch.

Aussage A:
Das geometrische Mittel addiert alle Faktoren und teilt deren Summe durch die Anzahl der Faktoren.
Aussage B:
Der Herfindahl-Index gibt die absolute Konzentration an, der Gini-Koeffizient die relative.

a.	A und B sind richtig.	b.	A und B sind falsch.
c.	A ist richtig. B ist falsch.	d.	B ist richtig. A ist falsch.

Lösungen:

a.
d.

Single-Choice-Fragen

Aussage A:
Quadriert man die Standardabweichung, so erhält man die Varianz.
Aussage B:
Quadriert man die Fläche zwischen Lorenzkurve und Winkelhalbierender, ergibt sich der Gini-Koeffizient.

a.	A und B sind richtig.	b.	A und B sind falsch.
c.	A ist richtig. B ist falsch.	d.	B ist richtig. A ist falsch.

Aussage A:
Der Median setzt nominalskalierte Merkmale voraus.
Aussage B:
Die Standardabweichung ist die Wurzel aus der Varianz.

a.	A und B sind richtig.	b.	A und B sind falsch.
c.	A ist richtig. B ist falsch.	d.	B ist richtig. A ist falsch.

Lösungen:

c.
d.

2. Univariate Daten

Aussage A:
Die Lorenzkurve gibt die Korrelation an.
Aussage B:
Die Standardabweichung bzw. die Varianz ist die Maßzahl für den Stichprobenumfang.

a.	A und B sind richtig.	b.	A und B sind falsch.
c.	A ist richtig. B ist falsch.	d.	B ist richtig. A ist falsch.

Aussage A:
Bei symmetrisch verteilten Daten existiert kein Modus.
Aussage B:
Bei rechtssteiler Verteilung gilt: arithmetisches Mittel > Median < Modus.

a.	A und B sind richtig.	b.	A und B sind falsch.
c.	A ist richtig. B ist falsch.	d.	B ist richtig. A ist falsch.

Lösungen:

b.
b.

Single-Choice-Fragen

Aussage A:
Der Interquartilsabstand (IQR) ist resistent gegenüber Ausreißern.
Aussage B:
Der Gini-Koeffizient ist eindeutig interpretierbar.

a.	A und B sind richtig.	**b.**	A und B sind falsch.
c.	A ist richtig. B ist falsch.	**d.**	B ist richtig. A ist falsch.

Aussage A:
Der Median ist ein robustes Lagemaß.
Aussage B:
Der Modus ist eindeutig bestimmbar, wenn die Häufigkeitsverteilung ein eindeutiges Maximum aufweist.

a.	A und B sind richtig.	**b.**	A und B sind falsch.
c.	A ist richtig. B ist falsch.	**d.**	B ist richtig. A ist falsch.

Lösungen:

c.
a.

Aussage A:
Der Median gibt an, welche Ausprägung am häufigsten vorkommt.
Aussage B:
Für ungerades n ist der Median die mittlere Beobachtung der Urliste.

a.	A und B sind richtig.	b.	A und B sind falsch.
c.	A ist richtig. B ist falsch.	d.	B ist richtig. A ist falsch.

Aussage A:
Die Gesamtfläche einer Dichtekurve ist immer größer 1.
Aussage B:
Bei bimodalen Verteilungen treten zwei Gipfel auf, bei multimodalen Verteilungen treten mindestens zwei Nebengipfel auf.

a.	A und B sind richtig.	b.	A und B sind falsch.
c.	A ist richtig. B ist falsch.	d.	B ist richtig. A ist falsch.

Lösungen:

b.
d.

Single-Choice-Fragen

Aussage A:
Quadriert man die Fläche zwischen Lorenzkurve und Winkelhalbierender, ergibt sich der Gini-Koeffizient.
Aussage B:
Das Balkendiagramm entspricht dem Stabdiagramm mit vertauschter X- und Y- Achse.

a.	A und B sind richtig.	b.	A und B sind falsch.
c.	A ist richtig. B ist falsch.	d.	B ist richtig. A ist falsch.

Aussage A:
Lorenzkurve und Gini-Koeffizient betrachten die relative Konzentration.
Aussage B:
Das Stabdiagramm verfolgt das Prinzip der Flächentreue.

a.	A und B sind richtig.	b.	A und B sind falsch.
c.	A ist richtig. B ist falsch.	d.	B ist richtig. A ist falsch.

Lösungen:
b.
c.

2. Univariate Daten

Aussage A:
Bei rechtssteiler Verteilung gilt: arithmetisches Mittel < Median < Modus.
Aussage B:
Eine Verteilung ist linkssteil bzw. rechtsschief, wenn der überwiegende Anteil von Daten linksseitig konzentriert ist.

a.	A und B sind richtig.	b.	A und B sind falsch.
c.	A ist richtig. B ist falsch.	d.	B ist richtig. A ist falsch.

Aussage A:
Unimodale Verteilungen besitzen zwei oder mehr Gipfel.
Aussage B:
Der Median setzt mindestens ordinalskalierte Merkmale voraus.

a.	A und B sind richtig.	b.	A und B sind falsch.
c.	A ist richtig. B ist falsch.	d.	B ist richtig. A ist falsch.

Lösungen:

a.
d.

Single-Choice-Fragen

Aussage A:
Varianz und Standardabweichung geben an, wie stark die Werte um den Ursprung streuen.
Aussage B:
Bei dem Stabdiagramm sind die Stäbe immer ein Zentimeter breit.

a.	A und B sind richtig.	b.	A und B sind falsch.
c.	A ist richtig. B ist falsch.	d.	B ist richtig. A ist falsch.

Aussage A:
Modus, Median und arithmetisches Mittel sind so genannte Lageparameter.
Aussage B:
Bimodale und multimodale Verteilungen entstehen, wenn die Daten eines Merkmals eine geringe Streuung aufweisen.

a.	A und B sind richtig.	b.	A und B sind falsch.
c.	A ist richtig. B ist falsch.	d.	B ist richtig. A ist falsch.

Lösungen:

b.
c.

3. Multivariate Daten [3]

Aussage A:
Das Intervall des Chi-Quadrat-Koeffizienten geht von -1 bis +1.
Aussage B:
Die bedingte Häufigkeit wird gebildet, indem man durch die zugehörige Zeilen-Randsumme der Kontingenztabelle, bzw. durch die entsprechende Spaltensumme dividiert.

a.	A und B sind richtig.	b.	A und B sind falsch.
c.	A ist richtig. B ist falsch.	d.	B ist richtig. A ist falsch.

Aussage A:
Ein Maß für die Stärke des nicht-linearen Zusammenhangs zweier Punkte ist der Bravais-Pearseon-Korrelationskoeffizient.
Aussage B:
Der Korrelationskoeffizient ist immer positiv.

a.	A und B sind richtig.	b.	A und B sind falsch.
c.	A ist richtig. B ist falsch.	d.	B ist richtig. A ist falsch.

Lösungen:

d.
b.

[3] Vergleiche hier und im Folgenden Fahrmeir et al. (2007) S. 109-167

Single-Choice-Fragen

Aussage A:
Ist der Korrelationskoeffizient größer Null, herrscht ein gleichsinniger linearer Zusammenhang. Kleiner Null ein gegensinniger und gleich Null herrscht kein linearer Zusammenhang.
Aussage B:
Das Bestimmtheitsmaß gibt an, wie stark die Konzentration ist.

a.	A und B sind richtig.	**b.**	A und B sind falsch.
c.	A ist richtig. B ist falsch.	**d.**	B ist richtig. A ist falsch.

Aussage A:
Der Chi-Quadrat-Koeffizient ist immer positiv.
Aussage B:
Korrelation ist ein Maß für die Stärke des Zusammenhangs zweier Eigenschaften.

a.	A und B sind richtig.	**b.**	A und B sind falsch.
c.	A ist richtig. B ist falsch.	**d.**	B ist richtig. A ist falsch.

Lösungen:

c.
d.

3. Multivariate Daten

Aussage A:
Eine Scheinkorrelation liegt vor, wenn ein mit den beiden anderen Merkmalen hochkorreliertes Merkmal unberücksichtigt bleibt.

Aussage B:
Die bedingte Häufigkeit wird gebildet, indem man mit die zugehörige Zeilen-Randsumme der Kontingenztabelle, bzw. mit die entsprechende Spaltensumme multipliziert.

a.	A und B sind richtig.	**b.**	A und B sind falsch.
c.	A ist richtig. B ist falsch.	**d.**	B ist richtig. A ist falsch.

Aussage A:
Ein hohes Chi-Quadrat beim Unabhängigkeitstest deutet auf eine Unabhängigkeit der beiden Merkmale hin.

Aussage B:
Eine hohe Korrelation bedeutet immer, dass eine Kausalität zwischen Merkmalen besteht.

a.	A und B sind richtig.	**b.**	A und B sind falsch.
c.	A ist richtig. B ist falsch.	**d.**	B ist richtig. A ist falsch.

Lösungen:

c.
b.

Single-Choice-Fragen

Aussage A:
Der Korrelationskoeffizient sollte stets ohne Betrachtung des zugehörigen Streudiagramms interpretiert werden.

Aussage B:
Das Bestimmtheitsmaß nimmt ausschließlich Werte zwischen 0 und 1 an.

a.	A und B sind richtig.	**b.**	A und B sind falsch.
c.	A ist richtig. B ist falsch.	**d.**	B ist richtig. A ist falsch.

Aussage A:
Das Bestimmtheitsmaß gibt an, wie gut die Streuung durch die Regression erklärt wird.

Aussage B:
Ein Maß für die Stärke des linearen Zusammenhangs zweier Punkte ist der Bravais-Pearseon-Korrelationskoeffizient.

a.	A und B sind richtig.	**b.**	A und B sind falsch.
c.	A ist richtig. B ist falsch.	**d.**	B ist richtig. A ist falsch.

Lösungen:

d.
a.

Aussage A:
Eine hohe Korrelation kann auf einen möglichen kausalen Zusammenhang zwischen zwei Merkmalen hindeuten.
Aussage B:
Das Bestimmtheitsmaß nimmt ausschließlich Werte zwischen -1 und 1 an.

a.	A und B sind richtig.	b.	A und B sind falsch.
c.	A ist richtig. B ist falsch.	d.	B ist richtig. A ist falsch.

Aussage A:
Scheinkorrelation tritt bei einem Korrelationskoeffizienten von 0 auf.
Aussage B:
Korrelation ist ein Maß für die Kausalität des Zusammenhangs zweier Eigenschaften.

a.	A und B sind richtig.	b.	A und B sind falsch.
c.	A ist richtig. B ist falsch.	d.	B ist richtig. A ist falsch.

Lösungen:

c.
b.

Single-Choice-Fragen

Aussage A:
Der Korrelationskoeffizient sollte stets in Zusammenhang mit dem zugehörigen Streudiagramm interpretiert werden.
Aussage B:
Der Korrelationskoeffizienten liegt zwischen -1 und 1.

a.	A und B sind richtig.	b.	A und B sind falsch.
c.	A ist richtig. B ist falsch.	d.	B ist richtig. A ist falsch.

Aussage A:
Ist der Korrelationskoeffizient größer Null, besteht ein linearer Zusammenhang. Ist er kleiner Null, so besteht kein linearer Zusammenhang.
Aussage B:
Ist der Wert der Chi-Quadrat-Verteilung groß, sind die beiden getesteten Merkmale (Unabhängigkeitstest) voneinander abhängig. Ist Chi-Quadrat klein, sind sie unabhängig.

a.	A und B sind richtig.	b.	A und B sind falsch.
c.	A ist richtig. B ist falsch.	d.	B ist richtig. A ist falsch.

Lösungen:

a.
d.

4. Wahrscheinlichkeitsrechnung [4]

Aussage A:
Es gilt: 0!=1 und 1!=1.
Aussage B:
Die Summe aller relativen Häufigkeiten ist stets 1.

a.	A und B sind richtig.	b.	A und B sind falsch.
c.	A ist richtig. B ist falsch.	d.	B ist richtig. A ist falsch.

Aussage A:
Eine Menge ist eine Zusammenfassung verschiedener Objekte zu einem Ganzen. Die einzelnen Objekte werden Elemente genannt.
Aussage B:
Beim Ziehen ohne Zurücklegen gibt es N^n Möglichkeiten.

a.	A und B sind richtig.	b.	A und B sind falsch.
c.	A ist richtig. B ist falsch.	d.	B ist richtig. A ist falsch.

Lösungen:

a.
c.

---

[4] Vergleiche hier und im Folgenden Fahrmeir et al. (2007) S. 173-219

Single-Choice-Fragen

Aussage A:
N unterscheidbare Objekte können N^2 Permutationen annehmen.

Aussage B:
Ein Zufallsexperiment kann nicht wiederholbar sein.

a.	A und B sind richtig.	b.	A und B sind falsch.
c.	A ist richtig. B ist falsch.	d.	B ist richtig. A ist falsch.

Aussage A:
Beim Ziehen ohne Zurücklegen sind die Ergebnisse der einzelnen Ziehungen unabhängig.

Aussage B:
Beim Ziehen ohne Zurücklegen gibt es N! / (N-n)! Möglichkeiten.

a.	A und B sind richtig.	b.	A und B sind falsch.
c.	A ist richtig. B ist falsch.	d.	B ist richtig. A ist falsch.

Lösungen:

b.
d.

4. Wahrscheinlichkeitsrechnung

Aussage A:
Eine Permutation ist eine Stichprobe ohne Zurücklegen, bei der der Stichprobenumfang mit dem Umfang der Grundgesamtheit übereinstimmt.
Aussage B:
Ergebnisse sind Teilmengen des Ergebnisraums.

a.	A und B sind richtig.	**b.**	A und B sind falsch.
c.	A ist richtig. B ist falsch.	**d.**	B ist richtig. A ist falsch.

Aussage A:
Disjunkt bedeutet, dass kein Element der Menge A gleichzeitig Element der Menge B sein kann.
Aussage B:
Die Fakultät k! summiert alle Werte von 1 bis k miteinander auf.

a.	A und B sind richtig.	**b.**	A und B sind falsch.
c.	A ist richtig. B ist falsch.	**d.**	B ist richtig. A ist falsch.

Lösungen:

a.
c.

Single-Choice-Fragen

Aussage A:
Ein Laplace-Experiment besitzt nur zwei mögliche Ergebnisse.
Aussage B:
Der Ergebnisraum ist die Anzahl aller möglichen Ergebnisse eines Zufallexperiments.

a.	A und B sind richtig.	b.	A und B sind falsch.
c.	A ist richtig. B ist falsch.	d.	B ist richtig. A ist falsch.

Aussage A:
Bei einer Zufallsstichprobe kann keine Wahrscheinlichkeit angegeben werden.
Aussage B:
Die Fakultät einer natürlichen Zahl k ist definiert als
k! = k*(k-1)*(k-2)*….*2*1.

a.	A und B sind richtig.	b.	A und B sind falsch.
c.	A ist richtig. B ist falsch.	d.	B ist richtig. A ist falsch.

Lösungen:

b.
d.

4. Wahrscheinlichkeitsrechnung

Aussage A:
Stochastisch unabhängig heißt, dass es für die Wahrscheinlichkeit von A ohne Bedeutung ist, ob B eintritt.
Aussage B:
Der Binomialkoeffizient gibt die Wahrscheinlichkeit an, ein bestimmtes Element aus N-elementigen Menge auszuwählen.

a.	A und B sind richtig.	b.	A und B sind falsch.
c.	A ist richtig. B ist falsch.	d.	B ist richtig. A ist falsch.

Aussage A:
Es gilt 0!=0 und 1!=1.
Aussage B:
Mit der wachsenden Zahl von Versuchen stabilisieren sich die relativen Häufigkeiten auf einen bestimmten Wert.

a.	A und B sind richtig.	b.	A und B sind falsch.
c.	A ist richtig. B ist falsch.	d.	B ist richtig. A ist falsch.

Lösungen:

c.
d.

Single-Choice-Fragen

Aussage A:
Eine Wahrscheinlichkeit ist immer ungleich 0.
Aussage B:
Beim Ziehen mit Zurücklegen sind die Ergebnisse der einzelnen Ziehungen unabhängig.

a.	A und B sind richtig.	b.	A und B sind falsch.
c.	A ist richtig. B ist falsch.	d.	B ist richtig. A ist falsch.

Aussage A:
Die Permutation ist die Anzahl der Elemente einer Menge.
Aussage B:
Beim Ziehen mit Zurücklegen gibt es N^n Möglichkeiten.

a.	A und B sind richtig.	b.	A und B sind falsch.
c.	A ist richtig. B ist falsch.	d.	B ist richtig. A ist falsch.

Lösungen:

d.
d.

4. Wahrscheinlichkeitsrechnung

Aussage A:
Sind alle Elementarwahrscheinlichkeiten eines Zufallsexperiments gleich wahrscheinlich, so handelt es sich um ein Laplace-Experiment.
Aussage B:
Ein Zufallsexperiment liegt vor, wenn das Experiment unter gleichen Bedingungen wiederholbar ist.

a.	A und B sind richtig.	b.	A und B sind falsch.
c.	A ist richtig. B ist falsch.	d.	B ist richtig. A ist falsch.

Aussage A:
Der Binomialkoeffizient gibt die Anzahl der Möglichkeiten an, aus N Objekten n auszuwählen.
Aussage B:
Permutationen sind Teilmengen des Ergebnisraums.

a.	A und B sind richtig.	b.	A und B sind falsch.
c.	A ist richtig. B ist falsch.	d.	B ist richtig. A ist falsch.

Lösungen:

a.
c.

Single-Choice-Fragen

Aussage A:
Eine Menge fasst alle Ergebnisse zusammen.
Aussage B:
Es gibt N! Permutationen (Anordnungsmöglichkeiten) von N unterscheidbaren Objekten.

a.	A und B sind richtig.	b.	A und B sind falsch.
c.	A ist richtig. B ist falsch.	d.	B ist richtig. A ist falsch.

Aussage A:
Disjunkt bedeutet, dass B in der Menge von A enthalten ist.
Aussage B:
Die Summe aller absoluten Häufigkeiten ist gleich 1.

a.	A und B sind richtig.	b.	A und B sind falsch.
c.	A ist richtig. B ist falsch.	d.	B ist richtig. A ist falsch.

Lösungen:

d.
b.

4. Wahrscheinlichkeitsrechnung

Aussage A:
Beim Ziehen mit Zurücklegen gibt es N! / (N-n)! Möglichkeiten.
Aussage B:
Besitzt jede Stichprobe dieselbe Wahrscheinlichkeit gezogen zu werden, so liegt eine einfache Zufallsstichprobe vor.

a.	A und B sind richtig.	b.	A und B sind falsch.
c.	A ist richtig. B ist falsch.	d.	B ist richtig. A ist falsch.

Aussage A:
Der Ergebnisraum ist die Menge aller möglichen Ergebnisse eines Zufallexperiments.
Aussage B:
Bei steigender Versuchszahl stabilisiert sich die absolute Häufigkeit bei einem bestimmten Wert.

a.	A und B sind richtig.	b.	A und B sind falsch.
c.	A ist richtig. B ist falsch.	d.	B ist richtig. A ist falsch.

Lösungen:

d.
c.

Single-Choice-Fragen

Aussage A:
Eine Wahrscheinlichkeit ist stets größer oder gleich null, wobei die Wahrscheinlichkeit 1 ein sicheres Ereignis bedeutet.

Aussage B:
Stochastisch abhängig heißt, dass es für die Wahrscheinlichkeit von A ohne Bedeutung ist, ob B eintritt.

a.	A und B sind richtig.	b.	A und B sind falsch.
c.	A ist richtig. B ist falsch.	d.	B ist richtig. A ist falsch.

Lösungen:

c.

5. Diskrete Zufallsvariablen [5]

Aussage A:
Die Varianz einer diskreten Zufallsvariable wird analog dem arithmetischen Mittel einer empirischen Verteilung gebildet.
Aussage B:
Besitzt der Definitionsbereich einer Verteilung nur zwei mögliche Werte, so spricht man von einer Bernoulli-Verteilung.

a.	A und B sind richtig.	b.	A und B sind falsch.
c.	A ist richtig. B ist falsch.	d.	B ist richtig. A ist falsch.

Aussage A:
Eine stetige Zufallsvariable nimmt diskrete Werte an.
Aussage B:
Der Erwartungswert ist der für die Zukunft erwartete Durchschnittswert.

a.	A und B sind richtig.	b.	A und B sind falsch.
c.	A ist richtig. B ist falsch.	d.	B ist richtig. A ist falsch.

Lösungen:

b.
d.

---

[5] Vergleiche hier und im Folgenden Fahrmeir et al. (2007) S. 223-265

Single-Choice-Fragen

Aussage A:
Binomial- und hypergeometrisch verteilte Zufallsvariablen zählen, wie oft bei n-maligem Ziehen ein bestimmtes Ereignis eintritt.

Aussage B:
Eine Zufallsvariable heißt diskret, falls sie nur endlich oder abzählbar unendlich viele Werte annehmen kann.

a.	A und B sind richtig.	b.	A und B sind falsch.
c.	A ist richtig. B ist falsch.	d.	B ist richtig. A ist falsch.

Aussage A:
Eine Zufallsvariable ist eine Variable, deren Werte die Ergebnisse eines Zufallsvorgangs sind.

Aussage B:
Abhängige poisson-verteilte Zufallsvariablen dürfen addiert werden.

a.	A und B sind richtig.	b.	A und B sind falsch.
c.	A ist richtig. B ist falsch.	d.	B ist richtig. A ist falsch.

Lösungen:

a
c

5. Diskrete Zufallsvariablen

Aussage A:
Die geometrische Verteilung gibt die Häufigkeit eines bestimmten Ereignisses bei einer festgelegten Versuchsanzahl an.

Aussage B:
Bei der hypergeometrischen Verteilung werden in einer Stichprobe zufällig n Elemente nacheinander ohne Zurücklegen entnommen.

a.	A und B sind richtig.	b.	A und B sind falsch.
c.	A ist richtig. B ist falsch.	d.	B ist richtig. A ist falsch.

Aussage A:
Die geometrische Verteilung ist gedächtnislos.

Aussage B:
Zwei Ereignisse sind stochastisch unabhängig, wenn die Wahrscheinlichkeit, dass beide Ereignisse eintreten, gleich dem Produkt ihrer Einzelwahrscheinlichkeiten ist.

a.	A und B sind richtig.	b.	A und B sind falsch.
c.	A ist richtig. B ist falsch.	d.	B ist richtig. A ist falsch.

Lösungen:

d.
a.

Single-Choice-Fragen

Aussage A:
Das arithmetische Mittel beschreibt den Schwerpunkt eines Datensatzes.

Aussage B:
Die Menge aller Permutationen eines Zufallsvorgangs nennt man auch Wahrscheinlichkeitsverteilung.

a.	A und B sind richtig.	b.	A und B sind falsch.
c.	A ist richtig. B ist falsch.	d.	B ist richtig. A ist falsch.

Aussage A:
Bei einer Binomialverteilung berechnet sich der Erwartungswert mit n*p*(1-p) und die Varianz mit n*p.

Aussage B:
Die geometrische Verteilung beschäftigt sich mit der Anzahl an Versuchen, bis zum ersten Mal ein bestimmtes Ereignis eintritt.

a.	A und B sind richtig.	b.	A und B sind falsch.
c.	A ist richtig. B ist falsch.	d.	B ist richtig. A ist falsch.

Lösungen:

c.
d.

5. Diskrete Zufallsvariablen

Aussage A:
Die Menge aller Wahrscheinlichkeiten eines Zufallsvorgangs nennt man auch Wahrscheinlichkeitsverteilung.
Aussage B:
Unabhängige poisson-verteilte Zufallsvariablen dürfen addiert werden.

a.	A und B sind richtig.	**b.**	A und B sind falsch.
c.	A ist richtig. B ist falsch.	**d.**	B ist richtig. A ist falsch.

Aussage A:
Binomial- und hypergeometrisch verteilte Zufallsvariablen zählen die Versuche bis ein bestimmtes Ereignis eintritt.
Aussage B:
Der Modus beschreibt den Schwerpunkt eines Datensatzes.

a.	A und B sind richtig.	**b.**	A und B sind falsch.
c.	A ist richtig. B ist falsch.	**d.**	B ist richtig. A ist falsch.

Lösungen:

a.
b.

Single-Choice-Fragen

Aussage A:
Die geometrische Verteilung ist nicht gedächtnislos.
Aussage B:
Besitzt der Wertebereich einer Verteilung nur zwei mögliche Werte, so spricht man von einer Bernoulli-Verteilung.

a.	A und B sind richtig.		b.	A und B sind falsch.
c.	A ist richtig. B ist falsch.		d.	B ist richtig. A ist falsch.

Aussage A:
Zwei Ereignisse sind stochastisch abhängig, wenn die Wahrscheinlichkeit, dass beide Ereignisse eintreten, gleich dem Produkt ihrer Einzelwahrscheinlichkeiten ist.
Aussage B:
Der Erwartungswert ist das vorhersehbare Ergebnis.

a.	A und B sind richtig.		b.	A und B sind falsch.
c.	A ist richtig. B ist falsch.		d.	B ist richtig. A ist falsch.

Lösungen:

d.
b.

5. Diskrete Zufallsvariablen

Aussage A:
Der Erwartungswert einer diskreten Zufallsvariable wird analog dem arithmetischen Mittel einer empirischen Verteilung gebildet.
Aussage B:
Eine Zufallsvariable besitzt die Wahrscheinlichkeit 0,5.

a.	A und B sind richtig.	b.	A und B sind falsch.
c.	A ist richtig. B ist falsch.	d.	B ist richtig. A ist falsch.

Aussage A:
Eine Zufallsvariable heißt stetig, falls sie nur endlich oder abzählbar unendlich viele Werte annehmen kann.
Aussage B:
Bei einer Binomialverteilung berechnet sich der Erwartungswert mit n*p und die Varianz mit n*p*(1-p).

a.	A und B sind richtig.	b.	A und B sind falsch.
c.	A ist richtig. B ist falsch.	d.	B ist richtig. A ist falsch.

Lösungen:

c.
d.

Single-Choice-Fragen

Aussage A:
Stetige Zufallsvariablen sind meist metrisch, zumindest aber ordinalskaliert.

Aussage B:
Die Anzahl der Versuche bis ein bestimmtes Ergebnis auftritt nennt man poisson-verteilte Zufallsvariable.

a.	A und B sind richtig.	b.	A und B sind falsch.
c.	A ist richtig. B ist falsch.	d.	B ist richtig. A ist falsch.

Lösungen:

c.

6. Stetige Zufallsvariablen [6]

Aussage A:
Eine stetige Zufallsvariable kann in jedem beschränkten Intervall unendlich viele Ausprägungen annehmen.
Aussage B:
Die Gauß-Kurve ist axialsymmetrisch zur Y-Achse.

a.	A und B sind richtig.	b.	A und B sind falsch.
c.	A ist richtig. B ist falsch.	d.	B ist richtig. A ist falsch.

Aussage A:
Die Gauß-Kurve bezeichnet die inverse Glockenkurve.
Aussage B:
Eine Variable oder ein Merkmal heißt diskret, wenn alle Zwischenwerte in einem Intervall möglich sind.

a.	A und B sind richtig.	b.	A und B sind falsch.
c.	A ist richtig. B ist falsch.	d.	B ist richtig. A ist falsch.

Lösungen:

c.
b.

---

[6] Vergleiche hier und im Folgenden Fahrmeir et al. (2007) S. 269-307

Single-Choice-Fragen

Aussage A:
Bei der Standardnormalverteilung ist der Erwartungswert 1.
Aussage B:
Jede Verteilungsfunktion ist glockenförmig.

a.	A und B sind richtig.	b.	A und B sind falsch.
c.	A ist richtig. B ist falsch.	d.	B ist richtig. A ist falsch.

Aussage A:
Eine Änderung der Standardabweichung staucht oder streckt die Glockenkurve.
Aussage B:
Die Wahrscheinlichkeit einer stetigen Zufallsvariable entspricht der Fläche zwischen dem Intervall und der darüber liegenden Dichtefunktion.

a.	A und B sind richtig.	b.	A und B sind falsch.
c.	A ist richtig. B ist falsch.	d.	B ist richtig. A ist falsch.

Lösungen:

b.
a.

6. Stetige Zufallsvariablen

Aussage A:
Die Gaußkurve hat eine Glockenform mit dem Maximum an der Stelle des Erwartungswertes.
Aussage B:
Die Normierungseigenschaft der Normalverteilung besagt, dass die Gesamtfläche zwischen X-Achse und der Dichtefunktion gleich 1 und somit auch die Wahrscheinlichkeit gleich 1 ist.

a.	A und B sind richtig.	b.	A und B sind falsch.
c.	A ist richtig. B ist falsch.	d.	B ist richtig. A ist falsch.

Aussage A:
Die Form der Gauß-Kurve ändert sich mit verändertem Erwartungswert.
Aussage B:
Die Normalverteilung wird als Standardnormalverteilung bezeichnet, wenn der Erwartungswert 0 und die Varianz gleich 1 ist.

a.	A und B sind richtig.	b.	A und B sind falsch.
c.	A ist richtig. B ist falsch.	d.	B ist richtig. A ist falsch.

Lösungen:

a.
d.

Single-Choice-Fragen

Aussage A:
Jede Verteilungsfunktion ist streng monoton wachsend.
Aussage B:
Eine stetige Zufallsvariable nimmt in einem beschränkten Intervall endlich viele Ausprägungen mit gleichbleibendem Abstand an.

a.	A und B sind richtig.	**b.**	A und B sind falsch.
c.	A ist richtig. B ist falsch.	**d.**	B ist richtig. A ist falsch.

Aussage A:
Die Gauß-Kurve hat eine Glockenform mit dem Maximum auf der Y-Achse.
Aussage B:
Die Wahrscheinlichkeit einer stetigen Zufallsvariable entspricht der Fläche zwischen dem Intervall und der darüber liegenden Verteilungsfunktion.

a.	A und B sind richtig.	**b.**	A und B sind falsch.
c.	A ist richtig. B ist falsch.	**d.**	B ist richtig. A ist falsch.

Lösungen:

c.
b.

6. Stetige Zufallsvariablen

Aussage A:
Die Gaußkurve ist axialsymmetrisch zum Erwartungswert.
Aussage B:
Eine Änderung der Standardabweichung verschiebt die Glockenkurve nach links oder rechts.

a.	A und B sind richtig.	b.	A und B sind falsch.
c.	A ist richtig. B ist falsch.	d.	B ist richtig. A ist falsch.

Aussage A:
Die Dichtekurve der Standardnormalverteilung wird als Gauß-Kurve bezeichnet.
Aussage B:
Eine Variable oder ein Merkmal heißt stetig, wenn alle Zwischenwerte in einem Intervall möglich sind.

a.	A und B sind richtig.	b.	A und B sind falsch.
c.	A ist richtig. B ist falsch.	d.	B ist richtig. A ist falsch.

Lösungen:

c.
a.

Single-Choice-Fragen

Aussage A:
Eine Veränderung des Erwartungswertes hat bei der Gaußkurve nur eine Lageverschiebung auf der x-Achse, aber keine Formänderung zur Folge.

Aussage B:
Die Normierungseigenschaft der Normalverteilung besagt, dass die Gesamtfläche zwischen x-Achse und der Dichtefunktion gleich 0,5 und die Wahrscheinlichkeit gleich 1 ist.

a.	A und B sind richtig.	b.	A und B sind falsch.
c.	A ist richtig. B ist falsch.	d.	B ist richtig. A ist falsch.

Lösungen:

c.

7. Mehrdimensionale Zufallsvariablen [7]

Aussage A:
Der Wertebereich des Korrelationskoeffizienten liegt zwischen 0 und 1.
Aussage B:
Bei zweidimensionalen, stetigen Zufallsvariablen lässt sich die Wahrscheinlichkeit für das gemeinsame Auftreten bestimmter Werte nicht mehr sinnvoll angeben.

a.	A und B sind richtig.	b.	A und B sind falsch.
c.	A ist richtig. B ist falsch.	d.	B ist richtig. A ist falsch.

Aussage A:
Sind zwei Zufallsvariablen unabhängig, so sind sie auch unkorreliert.
Aussage B:
Kontingenztafeln sind für viele Merkmalsausprägungen üblich.

a.	A und B sind richtig.	b.	A und B sind falsch.
c.	A ist richtig. B ist falsch.	d.	B ist richtig. A ist falsch.

Lösungen:

d.
c.

---

[7] Vergleiche hier und im Folgenden Fahrmeir et al. (2007) S. 335-361

Single-Choice-Fragen

Aussage A:
Die Kovarianz ist unabhängig von der jeweiligen Maßeinheit.
Aussage B:
Gemeinsam normalverteilte Zufallsvariablen sind genau dann unabhängig, wenn sie korrelieren.

a.	A und B sind richtig.	b.	A und B sind falsch.
c.	A ist richtig. B ist falsch.	d.	B ist richtig. A ist falsch.

Aussage A:
Die Permutation ist ein Maß für den Zusammenhang zweier Zufallsvariablen.
Aussage B:
Mehrdimensionale Zufallsvariablen ergeben sich dadurch, dass anstatt eines Merkmals (Zufallsvariable) mehrere betrachtet werden.

a.	A und B sind richtig.	b.	A und B sind falsch.
c.	A ist richtig. B ist falsch.	d.	B ist richtig. A ist falsch.

Lösungen:

b.
d.

7. Mehrdimensionale Zufallsvariablen

Aussage A:
Wenn man die gemeinsame Verteilung der Zufallsvariablen kennt, kann man einfach ableiten wie sich eine der Zufallsvariablen in Abhängigkeit der anderen verhält.
Aussage B:
Ist der Korrelationskoeffizient gleich 0, sind die zwei Zufallsvariablen "unkorreliert".

a.	A und B sind richtig.	b.	A und B sind falsch.
c.	A ist richtig. B ist falsch.	d.	B ist richtig. A ist falsch.

Aussage A:
Der Korrelationskoeffizient ist die Normierung der Kovarianz.
Aussage B:
Ist der Korrelationskoeffizient gleich 0, sind die zwei Zufallsvariablen "korreliert".

a.	A und B sind richtig.	b.	A und B sind falsch.
c.	A ist richtig. B ist falsch.	d.	B ist richtig. A ist falsch.

Lösungen:

a.
c.

Single-Choice-Fragen

Aussage A:
Zwei Zufallsvariablen die unabhängig sind können trotzdem korrelieren.
Aussage B:
Wenn man die gemeinsame Verteilung der Zufallsvariablen kennt, kann man nicht einfach ableiten wie sich eine der Zufallsvariablen in Abhängigkeit der anderen verhält.

a.	A und B sind richtig.	b.	A und B sind falsch.
c.	A ist richtig. B ist falsch.	d.	B ist richtig. A ist falsch.

Aussage A:
Die Kovarianz ist abhängig von der jeweiligen Maßeinheit.
Aussage B:
Der Wertebereich des Korrelationskoeffizienten liegt zwischen -1 und 1.

a.	A und B sind richtig.	b.	A und B sind falsch.
c.	A ist richtig. B ist falsch.	d.	B ist richtig. A ist falsch.

Lösungen:

b.
a.

7. Mehrdimensionale Zufallsvariablen

Aussage A:
Gemeinsam normalverteilte Zufallsvariablen sind genau dann unabhängig, wenn sie unkorreliert sind.
Aussage B:
Bei zweidimensionalen, diskreten Zufallsvariablen lässt sich die Wahrscheinlichkeit für das gemeinsame Auftreten bestimmter Werte nicht mehr sinnvoll angeben.

a.	A und B sind richtig.	b.	A und B sind falsch.
c.	A ist richtig. B ist falsch.	d.	B ist richtig. A ist falsch.

Aussage A:
Ist der Korrelationskoeffizient gleich 1, sind die zwei Zufallsvariablen "unkorreliert".
Aussage B:
Besitzen die beiden Merkmale nur endlich viele Ausprägungen, so lässt sich die gemeinsame Wahrscheinlichkeitsfunktion übersichtlich in einer Kontingenztafel zusammenfassen.

a.	A und B sind richtig.	b.	A und B sind falsch.
c.	A ist richtig. B ist falsch.	d.	B ist richtig. A ist falsch.

Lösungen:

c
d

Single-Choice-Fragen

Aussage A:
Mehrdimensionale Zufallsvariablen beziehen sich immer auf ein bestimmtes Merkmal.
Aussage B:
Die Kovarianz ist ein normiertes Maß.

a.	A und B sind richtig.	b.	A und B sind falsch.
c.	A ist richtig. B ist falsch.	d.	B ist richtig. A ist falsch.

Aussage A:
Die Kovarianz ist ein Maß für den Zusammenhang zweier Zufallsvariablen.
Aussage B:
Ist der Korrelationskoeffizient ungleich 0, sind die zwei Zufallsvariablen "korreliert".

a.	A und B sind richtig.	b.	A und B sind falsch.
c.	A ist richtig. B ist falsch.	d.	B ist richtig. A ist falsch.

Lösungen:

b.
a.

8. Parameterschätzung [8]

Aussage A:
Sobald die Daten bei der Bayes-Schätzung bekannt sind, wird mit Hilfe des Satzes von Bayes die entsprechende "a priori" Verteilung berechnet.

Aussage B:
Das Konfidenzintervall kann bei unbekannter (Stichproben-) Varianz und bekanntem Erwartungswert über das arithmetische Mittel dargestellt werden.

a.	A und B sind richtig.	b.	A und B sind falsch.
c.	A ist richtig. B ist falsch.	d.	B ist richtig. A ist falsch.

Aussage A:
Um ein Konfidenzintervall zu erstellen muss mindestens die Varianz oder der Erwartungswert gegeben sein.

Aussage B:
Die mittlere quadratische Abweichung lässt sich als Summe aus der Varianz und dem quadrierten Bias darstellen.

a.	A und B sind richtig.	b.	A und B sind falsch.
c.	A ist richtig. B ist falsch.	d.	B ist richtig. A ist falsch.

Lösungen:

b.
d.

[8] Vergleiche hier und im Folgenden Fahrmeir et al. (2007) S. 363-393

Single-Choice-Fragen

Aussage A:
Bei der Bayes-Schätzung werden die Parameter, bevor die Daten aus einer Stichprobe vorliegen, durch eine "a posteriori" Verteilung beschrieben.

Aussage B:
Bei symmetrischen Konfidenzintervallen ist die Wahrscheinlichkeit, dass der Parameter über der oberen Grenze liegt, nicht immer gleich der Wahrscheinlichkeit, dass er unter der unteren Grenze liegt.

a.	A und B sind richtig.	b.	A und B sind falsch.
c.	A ist richtig. B ist falsch.	d.	B ist richtig. A ist falsch.

Aussage A:
Ist bei einem gesuchten Konfidenzintervall weder Varianz, noch Erwartungswert gegeben, so kann das Konfidenzintervall dennoch mit Hilfe der Pivot-Variable konstruiert werden.

Aussage B:
Bei Konfidenzintervallen liegt der wahre Wert mit der Wahrscheinlichkeit α im betrachteten Intervall.

a.	A und B sind richtig.	b.	A und B sind falsch.
c.	A ist richtig. B ist falsch.	d.	B ist richtig. A ist falsch.

Lösungen:

b.
c.

8. Parameterschätzung

Aussage A:
Das Maximum der Likelihood erhält man durch Ableiten und Nullsetzten.
Aussage B:
Das Maximieren der Likelihood und der logarithmierten Likelihood führen zu demselben Wert, daher verwendet man meist die einfacher zu berechnende Log-Likelihood.

a.	A und B sind richtig.	b.	A und B sind falsch.
c.	A ist richtig. B ist falsch.	d.	B ist richtig. A ist falsch.

Aussage A:
Asymptotisch erwartungstreu heißt, dass sich der Erwartungswert bei unendlicher Wiederholung der X-Achse annähert.
Aussage B:
Der Standardfehler einer Schätzstatistik ist bestimmt durch die Varianz.

a.	A und B sind richtig.	b.	A und B sind falsch.
c.	A ist richtig. B ist falsch.	d.	B ist richtig. A ist falsch.

Lösungen:

a.
b.

Single-Choice-Fragen

Aussage A:
Die mittlere quadratische Abweichung lässt sich als Summe aus der Varianz und dem Bias darstellen.

Aussage B:
Eine Schätzstatisik heißt konsistent im quadratischen Mittel, wenn die mittlere quadratische Abweichung bei unendlicher Wiederholung 1 ist.

a.	A und B sind richtig.	b.	A und B sind falsch.
c.	A ist richtig. B ist falsch.	d.	B ist richtig. A ist falsch.

Aussage A:
Das Maximum Likelihood-Prinzip besagt, den Parameter als Parameterschätzung auszuwählen, für den die Likelihood maximal ist.

Aussage B:
Das Maximum der Likelihood erhält man durch deren Nullsetzung.

a.	A und B sind richtig.	b.	A und B sind falsch.
c.	A ist richtig. B ist falsch.	d.	B ist richtig. A ist falsch.

Lösungen:

b.
c.

8. Parameterschätzung

Aussage A:
Die Konsistenz entspricht der Varianz der Schätzung.
Aussage B:
Das Konfidenzintervall kann bei bekannter Varianz und unbekanntem Erwartungswert über das arithmetische Mittel der Stichprobe dargestellt werden.

a.	A und B sind richtig.	b.	A und B sind falsch.
c.	A ist richtig. B ist falsch.	d.	B ist richtig. A ist falsch.

Aussage A:
Bei der Konsistenz wird zu dem Verhalten des Erwartungswerts zusätzlich auch die Varianz der Schätzung mit einbezogen.
Aussage B:
Die Verzerrung (Bias(T)) eines Schätzers ist definiert als Differenz zwischen seinem Erwartungswert und der zu schätzenden Größe.

a.	A und B sind richtig.	b.	A und B sind falsch.
c.	A ist richtig. B ist falsch.	d.	B ist richtig. A ist falsch.

Lösungen:

d.
a.

Single-Choice-Fragen

Aussage A:
Bei der Bayes-Schätzung werden die Parameter, bevor die Daten aus einer Stichprobe vorliegen, durch eine "a priori" Verteilung beschrieben.

Aussage B:
Bei erwartungstreuen Schätzern gibt es eine systematische Verzerrung.

a.	A und B sind richtig.	b.	A und B sind falsch.
c.	A ist richtig. B ist falsch.	d.	B ist richtig. A ist falsch.

Aussage A:
Bei symmetrischen Konfidenzintervallen ist die Wahrscheinlichkeit, dass der Parameter über der oberen Grenze liegt, gleich der Wahrscheinlichkeit, dass er unter der unteren Grenze liegt.

Aussage B:
Bei Konfidenzintervallen liegt der wahre Wert mit einer Wahrscheinlichkeit von 1-α im betrachteten Intervall.

a.	A und B sind richtig.	b.	A und B sind falsch.
c.	A ist richtig. B ist falsch.	d.	B ist richtig. A ist falsch.

Lösungen:

c
d

8. Parameterschätzung

> **Aussage A:**
> Asymptotisch erwartungstreu heißt, dass der Erwartungswert bei unendlicher Wiederholung dem wahren Wert des zu schätzenden Parameters entspricht.
> **Aussage B:**
> Der Standardfehler einer Schätzstatistik ist bestimmt durch die Standardabweichung.
>
> | a. | A und B sind richtig. | b. | A und B sind falsch. |
> |---|---|---|---|
> | c. | A ist richtig. B ist falsch. | d. | B ist richtig. A ist falsch. |

> **Aussage A:**
> Das Maximum Likelihood-Prinzip besagt, den größtmöglichen Wert (meist unendlich) auszuwählen und diesen in die Likelihood einzusetzen.
> **Aussage B:**
> Das Maximieren der Likelihood und der Log-Likelihood führen zu annähernd demselben Wert.
>
> | a. | A und B sind richtig. | b. | A und B sind falsch. |
> |---|---|---|---|
> | c. | A ist richtig. B ist falsch. | d. | B ist richtig. A ist falsch. |

Lösungen:

a.
b.

Single-Choice-Fragen

Aussage A:
Ein Schätzer heißt erwartungstreu, wenn sein Erwartungswert gleich dem wahren Wert des zu schätzenden Parameters ist.
Aussage B:
Die Verzerrung (Bias(T)) eines Schätzers ist definiert als Differenz zwischen seinem Erwartungswert und seiner Varianz.

a.	A und B sind richtig.	b.	A und B sind falsch.
c.	A ist richtig. B ist falsch.	d.	B ist richtig. A ist falsch.

Aussage A:
Sobald die Daten bei der Bayes-Schätzung bekannt sind, wird mit Hilfe des Satzes von Bayes die entsprechende "a posteriori" Verteilung berechnet.
Aussage B:
Eine Schätzstatisik heißt konsistent im quadratischen Mittel, wenn die mittlere quadratische Abweichung bei unendlicher Wiederholung 0 ist.

a.	A und B sind richtig.	b.	A und B sind falsch.
c.	A ist richtig. B ist falsch.	d.	B ist richtig. A ist falsch.

Lösungen:

c.
a.

9. Testen von Hypothesen

Aussage A:
Je näher der wahre Parameter aus der Alternative an der Nullhypothese liegt, desto größer wird die Wahrscheinlichkeit für den Fehler 2. Art.

Aussage B:
Die "Macht" gibt an, mit welcher Wahrscheinlichkeit ein Signifikanztest zugunsten der Alternativhypothese entscheidet, wenn diese richtig ist.

a.	A und B sind richtig.	b.	A und B sind falsch.
c.	A ist richtig. B ist falsch.	d.	B ist richtig. A ist falsch.

Aussage A:
Wird die Nullhypothese verworfen, obwohl die Alternativhypothese falsch ist, spricht man von einem Fehler 2. Art.

Aussage B:
Das Signifikanzniveau begrenzt den Fehler 2. Art.

a.	A und B sind richtig.	b.	A und B sind falsch.
c.	A ist richtig. B ist falsch.	d.	B ist richtig. A ist falsch.

Lösungen:

c.
b.

[9] Vergleiche hier und im Folgenden *Fahrmeir et al.* (2007) S. 397-430

Single-Choice-Fragen

Aussage A:
Für ein vorgegebenes Signifikanzniveau und einen festen Stichprobenumfang gibt die Gütefunktion die Wahrscheinlichkeit an, die Nullhypothese zu verwerfen.

Aussage B:
Für eine wachsende Differenz zwischen Werten aus der Alternativhypothese und der Nullhypothese wird die Macht eines Tests geringer.

a.	A und B sind richtig.	**b.**	A und B sind falsch.
c.	A ist richtig. B ist falsch.	**d.**	B ist richtig. A ist falsch.

Aussage A:
Je näher der wahre Parameter aus der Alternative an der Nullhypothese liegt, desto größer wird die Wahrscheinlichkeit für den Fehler 1. Art.

Aussage B:
Die "Macht" gibt an, mit welcher Wahrscheinlichkeit ein Signifikanztest zugunsten der Nullhypothese entscheidet, wenn diese falsch ist.

a.	A und B sind richtig.	**b.**	A und B sind falsch.
c.	A ist richtig. B ist falsch.	**d.**	B ist richtig. A ist falsch.

Lösungen:

c.
d.

9. Testen von Hypothesen

Aussage A:
Von einem zweiseitigen Testproblem spricht man, wenn die Nullhypothese gleich einem bestimmten Wert ist und die Alternativhypothese ungleich diesem Wert ist.
Aussage B:
Fehler 1. Art bedeutet, dass die Nullhypothese behalten wird, obwohl sie auf die Grundgesamtheit nicht zutrifft.

a.	A und B sind richtig.	b.	A und B sind falsch.
c.	A ist richtig. B ist falsch.	d.	B ist richtig. A ist falsch.

Aussage A:
Der Ablehnungsbereich des Hypothesentests wird auch als kritischer Bereich bezeichnet.
Aussage B:
Bei Hypothesentests wird auf Grundlage eines bestimmten Signifikanzniveaus ein Ablehnungs- bzw. Annahmebereich für die Stichprobe ermittelt.

a.	A und B sind richtig.	b.	A und B sind falsch.
c.	A ist richtig. B ist falsch.	d.	B ist richtig. A ist falsch.

Lösungen:

b.
d.

Single-Choice-Fragen

Aussage A:
Der äußere Punkt des Ablehnungsbereiches wird auch als kritischer Wert bezeichnet.
Aussage B:
Einseitiges Testproblem bedeutet, dass die Nullhypothese größer-gleich, bzw. kleiner-gleich einem Wert ist und die Alternative kleiner bzw. größer als dieser Wert ist.

a.	A und B sind richtig.	b.	A und B sind falsch.
c.	A ist richtig. B ist falsch.	d.	B ist richtig. A ist falsch.

Aussage A:
Von einem zweiseitigen Testproblem spricht man, wenn die Nullhypothese ungleich einem bestimmten Wert ist und die Alternativhypothese gleich diesem Wert ist.
Aussage B:
Wird die Nullhypothese beibehalten, obwohl die Alternativhypothese wahr ist, spricht man von einem Fehler 2. Art.

a.	A und B sind richtig.	b.	A und B sind falsch.
c.	A ist richtig. B ist falsch.	d.	B ist richtig. A ist falsch.

Lösungen:

a.
d.

9. Testen von Hypothesen

Aussage A:
Die interessierende Hypothese wird als Nullhypothese (H_0) formuliert.
Aussage B:
Die Nullhypothese bzw. die Alternativhypothese treffen eine Aussage über die Stichprobe.

a.	A und B sind richtig.	b.	A und B sind falsch.
c.	A ist richtig. B ist falsch.	d.	B ist richtig. A ist falsch.

Aussage A:
Ein statistischer Test besteht immer aus einer Nullhypothese und einer Alternativhypothese, die sich gegenseitig ausschließen.
Aussage B:
Bei Hypothesentests geht es darum, einen Ablehnungs- bzw. Annahmebereich für die Stichprobe zu errechnen.

a.	A und B sind richtig.	b.	A und B sind falsch.
c.	A ist richtig. B ist falsch.	d.	B ist richtig. A ist falsch.

Lösungen:

b.
c.

Single-Choice-Fragen

Aussage A:
Die Nullhypothese bzw. die Alternativhypothese treffen immer eine Aussage über die Grundgesamtheit und nicht über die Stichprobe.

Aussage B:
Die Nullhypothese (H_0) sagt aus, dass sich aus den Stichproben gewonnene Statistiken eindeutig voneinander unterscheiden.

a.	A und B sind richtig.	b.	A und B sind falsch.
c.	A ist richtig. B ist falsch.	d.	B ist richtig. A ist falsch.

Aussage A:
Wird die Nullhypothese aufgrund einer Stichprobe verworfen, obwohl sie für die Grundgesamtheit zutrifft, spricht man von einem Fehler 1. Art.

Aussage B:
Das Signifikanzniveau begrenzt den Fehler 1. Art, nicht jedoch den Fehler 2. Art.

a.	A und B sind richtig.	b.	A und B sind falsch.
c.	A ist richtig. B ist falsch.	d.	B ist richtig. A ist falsch.

Lösungen:

c.
a.

9. Testen von Hypothesen

Aussage A:
Die interessierende Hypothese wird als Alternativhypothese (H_1) formuliert.

Aussage B:
Die Nullhypothese (H_0) sagt aus, dass sich aus den Stichproben gewonnene Statistiken voneinander nicht oder nur zufällig unterscheiden.

a.	A und B sind richtig.	**b.**	A und B sind falsch.
c.	A ist richtig. B ist falsch.	**d.**	B ist richtig. A ist falsch.

Aussage A:
Nullhypothese und Alternativhypothese entsprechen sich im kritischen Wert.

Aussage B:
Einseitiges Testproblem bedeutet, dass die Nullhypothese größer bzw. kleiner einem Wert ist und die Alternative kleiner-gleich bzw. größer-gleich als dieser Wert ist.

a.	A und B sind richtig.	**b.**	A und B sind falsch.
c.	A ist richtig. B ist falsch.	**d.**	B ist richtig. A ist falsch.

Lösungen:

a.
b.

Single-Choice-Fragen

Aussage A:
Die Gütefunktion gibt die Wahrscheinlichkeit an die Gegenhypothese zu verwerfen.

Aussage B:
Für eine wachsende Abweichung zwischen Werten aus der Alternativhypothese und der Nullhypothese wird die Macht eines Tests größer.

a.	A und B sind richtig.		**b.**	A und B sind falsch.
c.	A ist richtig. B ist falsch.		**d.**	B ist richtig. A ist falsch.

Lösung:

d.

10. Spezielle Tests

Aussage A:
Merkmal für einen zweiseitigen Hypothesentest ist, dass die Gegenhypothese ungleich einem gegebenen Wert ist.
Aussage B:
Merkmal für einen rechtsseitigen Hypothesentest ist, dass die Gegenhypothese kleiner als ein gegebener Wert ist.

a.	A und B sind richtig.	b.	A und B sind falsch.
c.	A ist richtig. B ist falsch.	d.	B ist richtig. A ist falsch.

Aussage A:
Die Nullhypothese eines Chi-Quadrat-Unabhängigkeitstest lautet: "X und Y sind unabhängig".
Aussage B:
Die Teststatistik "T" unterscheidet sich von dem "Z" Test nur im Zähler.

a.	A und B sind richtig.	b.	A und B sind falsch.
c.	A ist richtig. B ist falsch.	d.	B ist richtig. A ist falsch.

Lösungen:

c.
c.

---

[10] Vergleiche hier und im Folgenden Fahrmeir et al. (2007) S. 433-471

Single-Choice-Fragen

Aussage A:
Beim zweiseitigen Hypothesentest liegt der Annahmebereich zwischen den beiden kritischen Werten.
Aussage B:
Beim rechtsseitigen Hypothesentest liegt der Annahmebereich rechts von dem kritischen Wert.

a.	A und B sind richtig.	b.	A und B sind falsch.
c.	A ist richtig. B ist falsch.	d.	B ist richtig. A ist falsch.

Aussage A:
Generell überprüft man mit Anpassungstests, ob die tatsächliche Verteilung einer vorgegebenen Verteilung entspricht.
Aussage B:
Beim t-Test müssen die Freiheitsgrade (= n-1) berücksichtigt werden.

a.	A und B sind richtig.	b.	A und B sind falsch.
c.	A ist richtig. B ist falsch.	d.	B ist richtig. A ist falsch.

Lösungen:

c.
a.

10. Spezielle Tests

Aussage A:
Die Nullhypothese eines Chi-Quadrat-Unabhängigkeitstest lautet:
" X und Y sind unabhängig".
Aussage B:
Beim Gauß-Test müssen die Freiheitsgrade (= n-1) berücksichtigt werden.

a.	A und B sind richtig.	b.	A und B sind falsch.
c.	A ist richtig. B ist falsch.	d.	B ist richtig. A ist falsch.

Aussage A:
Die Nullhypothese entspricht dem "was gezeigt werden soll".
Aussage B:
Merkmal für einen zweiseitigen Hypothesentest ist, dass die Gegenhypothese gleich einem gegebenen Wert ist.

a.	A und B sind richtig.	b.	A und B sind falsch.
c.	A ist richtig. B ist falsch.	d.	B ist richtig. A ist falsch.

Lösungen:

c.
b.

Single-Choice-Fragen

Aussage A:
Hypothesentests eignen sich nur für einen Stichprobenumfang kleiner oder gleich 30.

Aussage B:
Werden Hypothesentests mit einem Umfang größer oder gleich 30 berechnet, verwendet man approximative Tests.

a.	A und B sind richtig.	b.	A und B sind falsch.
c.	A ist richtig. B ist falsch.	d.	B ist richtig. A ist falsch.

Aussage A:
Die Teststatistik "T" unterscheidet sich von dem "Z" Test nur im Nenner.

Aussage B:
Die Gegenhypothese entspricht dem "was gezeigt werden soll".

a.	A und B sind richtig.	b.	A und B sind falsch.
c.	A ist richtig. B ist falsch.	d.	B ist richtig. A ist falsch.

Lösungen:

d.
a.

10. Spezielle Tests

Aussage A:
Die Alternativhypothese eines Chi-Quadrat-Unabhängigkeitstest lautet: " X und Y sind unabhängig".
Aussage B:
Der Anpassungstest passt die betrachtete Verteilung der Ausgangsverteilung an.

a.	A und B sind richtig.	b.	A und B sind falsch.
c.	A ist richtig. B ist falsch.	d.	B ist richtig. A ist falsch.

Aussage A:
Beim zweiseitigen Hypothesentest liegt der Annahmebereich links und rechts der beiden kritischen Werte.
Aussage B:
Merkmal für einen rechtsseitigen Hypothesentest ist, dass die Gegenhypothese größer als ein gegebener Wert ist.

a.	A und B sind richtig.	b.	A und B sind falsch.
c.	A ist richtig. B ist falsch.	d.	B ist richtig. A ist falsch.

Lösungen:

b.
d.

Single-Choice-Fragen

Aussage A:
Beim rechtsseitigen Hypothesentest liegt der Annahmebereich links von dem errechneten Wert.

Aussage B:
Die Teststatistik "T" unterscheidet sich von dem "Z" Test nur im Zähler.

a.	A und B sind richtig.	**b.**	A und B sind falsch.
c.	A ist richtig. B ist falsch.	**d.**	B ist richtig. A ist falsch.

Lösung:

c.

Literaturverzeichnis

- Bamberg, Baur (2002): Statistik. 12. Aufl. München, Wien: Oldenbourg. 2002.
- Fahrmeir, Künstler, Pigeot, Tutz (2007): Statistik – Der Weg zur Datenanalyse. 6. Aufl. Berlin: Springer. 2007.
- Schira (2012): Statistische Methoden der VWL und BWL. Theorie und Praxis. 4. Aufl. München [u.a.]: Pearson. 2012.

Single-Choice-Fragen

Notizen:

Notizen:

Single-Choice-Fragen